DESCRIPTIONS

DES ARTS

ET MÉTIERS.

DESCRIPTIONS

DES ARTS

ET MÉTIERS,

FAITES OU APPROUVÉES

PAR MESSIEURS

DE L'ACADÉMIE ROYALE

DES SCIENCES.

AVEC FIGURES EN TAILLE-DOUCE.

A PARIS,

Chez { SAILLANT & NYON, rue S. Jean de Beauvais;
DESAINT, rue du Foin Saint Jacques.

M. DCC. LXI.

Avec Approbation & Privilége du Roi.

L'ART

DE FAIRE DIFFÉRENTES SORTES

DE COLLES.

Par M. Duhamel du Monceau,
de l'Académie Royale des Sciences.

M. D C C. L X X I.

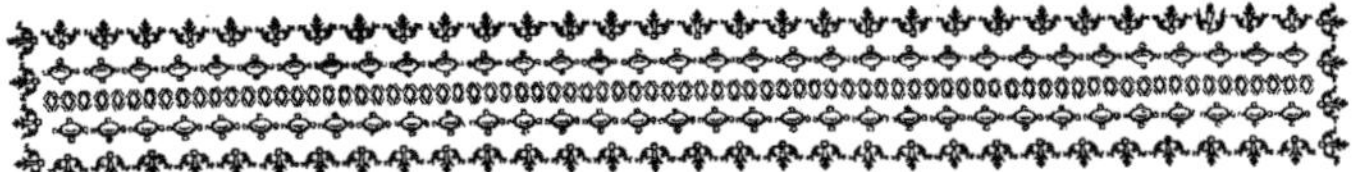

L'ART
DE FAIRE DIFFÉRENTES SORTES
DE COLLES.

Par M. Duhamel du Monceau,
de l'Académie Royale des Sciences. *

En général on appelle *Colle* des substances tenaces & gluantes qui servent à unir plusieurs choses ensemble, ou à donner de la fermeté à certains tissus. Il y en a de molles, qui peuvent être employées en cet état ; d'autres sont séches, ou plus ou moins épaisses ; mais elles doivent être capables de s'attendrir, & de se fondre dans des liqueurs. Comme dans cet état elles sont plus ou moins gluantes ou visqueuses, on peut en étendre des couches minces sur différents corps auxquels elles adhérent ; quand elles se font desséchées, la colle prend de la dureté, & elle unit si bien les uns aux autres les corps qui en ont été enduits, qu'ils se romproient plutôt que de se séparer.

Suivant cette définition, on pourroit comprendre dans les Colles plusieurs especes de Mastics qu'on emploie à chaud ou à froid. Cependant nous n'en parlerons point présentement, parce qu'on aura occasion d'en traiter dans la description de différents Arts qui mettront en état de mieux faire comprendre leurs avantages ; ainsi nous nous bornerons à parler des substances qui sont connues sous la dénomination de *Colle* ; elles différent des Mastics en ce qu'elles sont, lorsqu'on les emploie, liquides & coulantes, ensorte qu'elles ne forment point d'épaisseur ; au lieu que les Mastics sont assez épais pour remplir des creux, former des reliefs, &c.

Comme plusieurs substances peuvent produire le même effet, on distingue

---

* M. Benoît qui a une très-belle & très-grande Fabrique de Colle-forte, avantageusement située dans les Bordes, à Corbeil, & qui y fait de très-belle Colle, tant à la maniere d'Angleterre, que de Flandre, sachant que je me proposois d'inférer cet Art à la suite de ceux que publie l'Académie, s'est fait un plaisir de me faire voir sa Fabrique, & de me procurer tous les éclaircissements que je pouvois désirer.

différentes efpeces de Colles, telles que la Colle de farine, celle de poiffon ; celle qu'on nomme *de Gant*, enfin celle à laquelle on a donné plus particuliérement le nom de *Colle-forte*, à caufe de fa grande ténacité.

Celle-ci exigeant des préparations particulieres, fe fait dans des Manufactures. C'eft pourquoi nous allons en parler en premier lieu, & fort en détail. Nous dirons enfuite quelque chofe des autres efpeces de colles.

ARTICLE PREMIER.

De la Colle-forte.

La Colle-forte eft une diffolution dans l'eau des parties membraneufes, cartilagineufes & tendineufes qu'on tire des animaux. On deffeche enfuite ce qui a été fondu pour en faire des tablettes qui fe confervent fi long-temps qu'on veut fans fe corrompre, & dont le tranfport eft plus aifé que fi ces fubftances étoient fimplement en forme de gelée.

Les gelées de corne de cerf, celle de pieds de veau qu'on prépare dans les cuifines & les offices, feroient de la colle-forte fi on les defféchoit; & les tablettes qu'on deftine pour en faire des bouillons, ne font autre chofe qu'une colle-forte qu'on a chargée de jus, de fucs, & d'extraits de différentes viandes. Cette forte de colle qui eft fort chere, feroit cependant moins bonne que celle où il n'entre que les parties qui font véritablement propres à fe fondre en gelée. Toutes les autres fubftances, telles que les fucs & les extraits de viande, qui étant mêlés avec la diffolution des parties membraneufes & tendineufes, rendent les tablettes propres à faire de bons bouillons, ne feroient qu'altérer la colle qu'on deftine à être employée dans différents Arts. Les parties charnues & fanguinolentes fe corrompent ; les graiffes, la finovie, qui fe trouvent dans les articulations, ne doivent point entrer dans la compofition de la colle. Les feules parties capables de fe fondre en gelée font véritablement l'effence de la colle : les autres lui font étrangeres, & ne peuvent que la rendre moins bonne.

Comme pour faire ufage de la Colle-forte, il faut la diffoudre & l'étendre dans de l'eau, plufieurs Artifans & Manufacturiers font eux-mêmes leur colle ; mais ils ne fe donnent pas la peine de la deffécher & de la réduire en tablettes; ils s'en fervent auffi-tôt qu'ils l'ont réduite à la confiftance d'une gelée plus ou moins épaiffe, fuivant l'ufage qu'ils en veulent faire. Les Papetiers, les Drapiers, & les Peintres en détrempe achettent des rognures de peaux ou de parchemin qu'ils font bouillir dans l'eau, & quand en en mettant quelques gouttes fe refroidir fur une affiette, elle fe fige en gelée un peu épaiffe, ils l'emploient en cet état, & s'épargnent ainfi la peine que fe donnent ceux qui font la

Colle-forte pour la deſſécher & la réduire en tablettes ; mais il faut être en
état de faire promptement uſage de ces gelées, ſans cela elles ſe corromproient
bien-tôt. C'eſt ce qui engage à deſſécher la colle dans les manufactures,
parce que quand elle eſt réduite en tablettes, elle ſe conſerve tant qu'on
veut ſans s'altérer ; & d'ailleurs elle eſt beaucoup plus aiſée à tranſporter.

Les Peintres, les Papetiers, les Drapiers, & les autres Artiſans qui font eux-mêmes
leur colle, trouveroient ſouvent de l'avantage à acheter la colle en tablettes ; car
communément les colles-fortes ſont plus exemptes des ſubſtances étrangeres
qui alterent les parties collantes que celles que font pluſieurs Artiſans pour leurs
uſages propres. Il y a cependant des raiſons d'économie ou de convenance
qui les engagent à faire eux-mêmes leurs colles.

Quelques-uns prétendent que la colle en tablettes eſt trop forte, & qu'il
leur en faut une moins parfaite. C'eſt peut-être une prévention ; car on eſt
maître d'affoiblir la colle tant qu'on veut en l'étendant dans beaucoup d'eau :
quoi qu'il en ſoit, on peut conſulter ce qui a été dit de ces différentes colles
dans les Arts du Papetier, du Drapier, &c ; & en faveur de ceux qui n'ont
pas ces Arts, nous en dirons quelque choſe dans la ſuite.

Pluſieurs ſubſtances animales ſont propres à faire de la Colle-forte. Les rognures des peaux & des cuirs, les pieds, la peau des têtes & des queues de
pluſieurs animaux, les os mêmes, ſi l'on ſe ſervoit de la marmite de Papin
pour les diſſoudre, pourroient fournir de la colle.

Je n'ai pas pouſſé bien loin les expériences ſur ce point. Cependant je
ſuis parvenu à faire avec des os une colle qui à la vérité étoit fort noire, mais
qui me paroiſſoit très-forte, & je crois qu'elle auroit été meilleure ſi j'avois
commencé par ôter la moëlle & la graiſſe, & par enlever, au moyen d'un acide,
la ſubſtance terreuſe des os, pour ne diſſoudre que la cartilagineuſe ; mais il
y a apparence que ces préparations emporteroient tout le profit.

Entre les ſubſtances que je viens d'indiquer, les unes font de meilleure colle que d'autres. En général les cuirs tannés ne fourniſſent point de colle ;
les cuirs dits de Hongrie ou de Bourrelier paſſés à l'alun & au ſuif en donnent peu, & de médiocre qualité. Il faut pour en obtenir, leur donner des
préparations particulieres.

Les cuirs neufs donnent plus de colle, & de meilleure qualité que ceux
qui ont été deſſéchés par un long ſervice. Ces ſubſtances, après un long travail, ne rendent que peu de colle ; j'en ai fait l'épreuve dans une marmite de
fer fondu, dont le couvercle de même métal fermoit exactement, pour que
la fumée ſe réverbérant ſur le cuir, fît en quelque ſorte l'effet de la ma-
chine de Papin ; mais je n'ai point du tout obtenu de colle.

Les rognures de chamois paſſées à l'huile ne valent abſolument rien.

Les poils ne ſe fondent point en colle ; le ſang, la graiſſe, la chair ne
peuvent qu'altérer la bonté de la colle, ou au moins occaſionner beaucoup

de déchet. C'eſt pourquoi ceux qui achettent des matieres pour faire de la colle, doivent exiger qu'elles ſoient bien dégraiſſées & nettes, ou compter ſur un déchet conſidérable qu'on ne peut évite r.

Les rognures & les ratures de parchemin & de vélin qu'on achette chez les Parcheminiers & les Cribliers, font de bonne colle ; mais elle reviendroit fort cher aux fabriquants ; & il en eſt de même des rognures de peaux qu'on achette des Gantiers & des Mégiſſiers, des Peauſſiers & des Fourreurs. Les peaux de liévres, de lapins & de caſtor, qui ont été épilées par les Chapeliers, toutes ces ſubſtances feroient aſſez bonnes pour faire de la Colle-forte ; mais elles font en grande partie employées par les Peintres en détrempe, les Drapiers pour coller leurs chaînes, les Papetiers, &c.

Les faiſeurs de Colle-forte ont coutume d'employer des ſubſtances plus communes, telles que les rognures de cuirs de bœufs, de veaux, de moutons, de cheval, &c, qu'on appelle *oreillons* ; & plus ces animaux font vieux & maigres, plus la colle eſt forte.

Toutes les parties tendineuſes & aponévrotiques qu'on nomme *nerfs*, font de bonne colle. Les pieds, les queues de ces animaux peuvent fournir de la colle ; mais ces ſubſtances occaſionnent beaucoup de déchet, à cauſe des poils, des graiſſes & de la ſinovie qui s'y trouvent abondamment. Il faut les deſſoler, les dégraiſſer, les déſoſſer ; & malgré cela, ſi l'on n'employoit que des pieds, la colle ne feroit pas très-forte, à cauſe de la quantité de ſinovie qui eſt dans ces parties.

Les pieds de bœufs, autrefois eſtimés, font maintenant regardés comme une des mauvaiſes matieres qu'on puiſſe employer, & cela depuis que les Bouchers ont foin d'en ôter une partie tendineuſe, qu'on nomme *petit nerf*, ou *nerf de jarret*, qu'ils vendent au compte, & aſſez cher pour faire cette eſpece de filaſſe qui ſert à nerver les panneaux des voitures, ou à faire des foûpentes. Quand ces pieds font ainſi dépouillés de cette partie tendineuſe, ils ne fourniſſent qu'une ſubſtance glaireuſe qui n'eſt pas propre à faire de bonne colle ; & ſi l'on s'en fert, c'eſt à cauſe de leur bon marché. Ces ſubſtances tendineuſes qu'on achette pour faire de la colle, font donc eſtimées à proportion de leur propreté, c'eſt-à-dire, que celles qui font fraîches, bien nettes, fans pouſſiere, fans poil, fans graiſſe & fans chair, doivent être choiſies par préférence. Ce n'eſt pas qu'on ne puiſſe les décharger de ces matieres inutiles ou nuiſibles ; mais le fabriquant éprouve beaucoup de déchet & de main-d'œuvre, parce que, comme je l'ai dit, les parties graiſſeuſes, charnues, ſanguinolentes, & les malpropretés, font des ſubſtances hétérogenes qui s'en vont au lavage, à la trempe, ou bien elles ſe détachent dans la chaudiere, où elles forment, foit un marc qui ſe précipite au fond, ou une écume qui ſe porte à la ſuperficie, ſuivant leur poids. Ainſi il faut employer du temps & de la main-d'œuvre pour décharger les matieres utiles de ces ſubſtances nuiſibles, principalement

du

du fang qui eft très-fufceptible de corruption. Ordinairement quand on achette
les matieres propres à faire la colle, elles font dépouillées des crins & poils
qui les couvroient, attendu que ces poils fe vendent à part ; mais quand il en
refte aux pieds ou aux queues, on ne cherche pas dans les Manufactures de
colle à en faire ufage. On met ces matieres dans une eau de chaux un peu forte,
pour les dépiler avant de les employer à faire de la colle : cependant le poil
qui refte ne caufe point de dommage, & fe trouve dans le marc fans s'être diffous. Si l'on veut s'en débarraffer, c'eft pour qu'ils ne rempliffent pas inu_
tilement la chaudiere, qu'ils ne retiennent point de faletés, & qu'ils n'empor-
tent pas de la colle en s'en imbibant.

J'ai vu employer chez M. Benoît des peaux de liévre, de lapin, & de caftor,
dépilées par les Chapeliers, pour faire de belle colle façon d'Angleterre.

A l'égard des cuirs de Hongrie qui ont été paffés à l'alun & imbibés de fuif,
qu'on appelle *cuirs de Bourrelier*, ils exigent, comme je l'ai dit, des préparations particulieres. Il faut les tenir plus long-temps dans l'eau de chaux pour en
ôter le fuif & les fels ; alors ils fourniffent d'affez bonne colle, mais rouffe & en
petite quantité : ainfi pour en tirer quelque profit, il faut les acheter à bon
marché, fur-tout quand ils font vieux & defféchés.

Si l'on faifoit de la colle entiérement avec des oreilles ou des nerfs de beuf,
elle feroit très-bonne. C'eft pour cela que quand les Tanneurs ont voulu faire
de la colle, comme ils faifoient tomber en rognure toutes les parties des
peaux qui n'étoient pas propres à faire de bon cuir, ils faifoient d'excellen-
te colle. Mais comme ces matieres font trop cheres pour être mifes dans le
commerce, les fabriquants pour faire une bonne colle marchande, mêlent
enfemble des fubftances de différentes qualités. Ils prennent, par exemple,
1000 livres de rognure de peaux de veaux & de moutons, & 500 livres d'oreillons de bœuf : le tout étant bien conditionné, doit fournir 5 à 600 livres de
colle. Je ne donne ceci que comme un exemple ; car il eft à propos de varier
les mélanges, fuivant la qualité de la colle qu'on fe propofe de faire, & le
prix des différentes fubftances, dont quelques-unes font plus abondantes dans
une Province que dans une autre.

On met tremper féparément chaque matiere dans des cuveaux *A*, *Pl. I*
& II, remplis d'eau ; vingt-quatre heures fuffifent pour les peaux fraîches ;
il faut plus de temps pour celles qui font feches, & encore beaucoup plus
pour les vieux cuirs. On les remue de temps en temps *B*, *Pl. I*, avec la
fourche *C*, *Pl. II*, ou la pelle *D*. Quand ils font bien pénétrés d'eau, on
les retire des cuveaux avec cette fourche, ou un crochet *E*, & on en charge
des civieres grillées *F*, *Pl. I & II*, qui doivent être plus étroites par le fond
que par le haut. Dans les grandes Fabriques, on les fait grandes & fortes comme
à la Planche I. Dans les petites Fabriques, on les tient légeres comme à la Planche II. Ces civieres font faites avec des barreaux ou paumelles qui font re-

çues dans un fort bâtis de charronnage ou de menuiſerie. On laiſſe les cuirs un peu s'égoutter dans les civieres , enſuite on les lave à la riviere , comme nous allons l'expliquer , bien entendu quand la Fabrique eſt , comme celle de Corbeil , établie au bord d'une riviere ; mais beaucoup ſont privées de cet avantage , qui néanmoins eſt très-important pour faire de belle colle.

On établit ſur les bords de la riviere des cages à jour *G* 1, *G* 2 & *G* 3, *Pl. II.* Elles ſont formées par des barreaux ou paumelles qui entrent dans des trous qu'on a pratiqués à un fort chaſſis de charpente. Cette cage eſt aſſemblée au bas d'un cadre ou chaſſis *e* , & ce cadre qui doit former une baſcule , eſt aſſemblé au moyen de deux crochets *ff* , qui embraſſent la piece horizontale qui forme la traverſe d'en bas du bâtis de charpente. Ce chaſſis repréſente au bord de la riviere , comme le chambranle d'une porte qui ſeroit de charpente , ainſi qu'on le voit dans le lointain de la Planche **I** , où les cages dont nous parlons ſont dans deux ſituations.

Quand le cadre eſt vertical , comme *G* 1 & *G* 2 , *Pl. II* , la cage dans laquelle on met les morceaux de cuirs , trempe dans l'eau de la riviere , comme on le voit en *G* 1. Alors on les remue & on les agite dans l'eau avec le bouloir *H* , *Pl. I & II* , ou un barateau *I* , *Pl. II* , ſorte de rateau à grandes dents. On voit au lointain de la Planche **I** un homme qui remue les cuirs dans la cage dont nous parlons.

De temps en temps , on abaiſſe la queue de la baſcule pour faire ſortir la cage de l'eau , comme on le voit en *G* 3 , *Pl. II.* Les morceaux de cuirs ſortent de l'eau , ils s'égouttent , & l'eau ſale en ſort. Quand cette eau s'eſt égouttée , on replonge la cage , comme on le voit en *G* 1 & *G* 2 , *Pl. II*; on remue encore dans l'eau les cuirs , & on répete cette manœuvre juſqu'à ce que les cuirs ſoient nettoyés , & que l'eau en ſorte claire. Cette manœuvre ſe voit encore à la Planche **I** dans le lointain.

Comme on lave ſéparément les différentes eſpeces de cuirs , on porte ſurtout attention aux oreilles qui conſervent ordinairement les ſaletés plus que les autres matieres ; on finit par mettre la cage , comme le repréſente *G* 3 , on en tire les morceaux de cuir avec le barateau *I* , *Pl. II* , & la fourche *C* ; on les met dans la civiere *F* , *Pl. I & II* , & on les porte dans des cuveaux cerclés de fer *A* , dont il y a bon nombre dans les Fabriques. On les y laiſſe vingt-quatre heures , & ſi l'on s'apperçoit qu'ils ſoient encore ſales , on les lave une ſeconde fois , ainſi qu'on l'avoit fait la premiere. Comme il faut beaucoup d'eau pour remplir les cuveaux , on l'éleve avec des pompes *K* , *Pl. I* , & on la conduit au moyen de dalots *L* dans les différents cuveaux.

Ordinairement on met les cuirs tremper dans une eau de chaux aſſez foible. Il y a cela d'avantageux, qu'on peut les y laiſſer long-temps ſe bien pénétrer d'eau ; car ils ne ſe gâtent jamais tant qu'ils ſont dans l'eau de chaux, y reſtaſſent-ils deux mois. On rafraîchit ſeulement l'eau des cuves tous les quinze jours avec un feau ou deux de nouvelle eau de chaux , & on retourne de temps en temps les cuirs qui font en trempe.

Par cette trempe , on diffout les parties charnues & fanguinolentes , on fait avec les graiffes une efpece de favon , & on convertit les peaux prefque en parchemin.

Quand on a des matieres qui ont du poil , on les met après le lavage dans une eau de chaux plus forte , ce qui brûle ou détache les poils , en même-temps que la chaux dans laquelle on laiffe les matieres en trempe , confomme en partie , comme nous venons de le dire , le fang , la graiffe & la chair qui ne pour-roient qu'altérer la qualité de la colle. Sur quoi je ferai remarquer que fi on cou-vre une peau du côté de la chair avec une pâte où il entre de la chaux , la peau étant feche devient bien-tôt comme du parchemin , & on fait que le par-chemin eft très-propre à faire de la colle.

Il a été dit que pour tirer parti des peaux qui ont été paffées à l'alun & au fuif , il faut les tenir plus long-temps que les autres dans une eau de chaux un peu forte , & les laver avec plus de foin , pour emporter les fels & la graiffe.

A l'égard des matieres qui contiennent de la graiffe , du fang , de la fi-novie , des parties charnues , & du poil , on les met dans une forte eau de chaux. On les retire de cette eau étant toutes blanches de chaux , & on les conferve à fec dans des foffes *M , Pl. I* ; comme elles ne s'altérent point en cet état , on fait ce travail l'hiver , & on les garde en tas *N* fous des hangars jufqu'au printemps , qui eft la faifon où on doit les employer : alors on les met tremper dans des cuveaux pleins d'eau claire ; trois ou quatre hommes les y braffent avec des efpeces de bouloirs *H* ; on les lave à la riviere , & elles font en état d'être mifes dans la chaudiere.

Après avoir ainfi bien imbibé les peaux , & après les avoir foigneufement lavées , on les met pour la derniere fois dans la civiere *F* , mettant en-femble toutes les différentes efpeces de matieres dans la proportion qu'on juge convenable , & on les porte aux cages *G* pour leur donner un dernier lavage. Quelques-uns les paffent enfuite fous une preffe *P , Pl. I & II* , pour ôter une partie de l'eau dont elles fe font imbibées , qui empêcheroit que la col-le ne fût fuffifamment épaiffe.

Quelques-uns mettent des pierres au fond de la chaudiere de cuivre dans laquelle on doit fondre la colle , pour empêcher que les matieres ne s'y atta-chent & ne brûlent. Il eft mieux de mettre au fond de la chaudiere une grille de bois dont les barreaux ont deux pouces en quarré , & cette grille eft entou-rée d'un cercle de fer qui empêche qu'ils ne fe défaffemblent. On remplit jufqu'au deffus des bords une chaudiere de cuivre qui eft montée fur un fourneau de maçonnerie *Q , Pl. II.*

Ici la pratique n'eft pas la même dans les différentes Fabriques ; les uns prétendent que l'eau que les matieres ont prife dans la trempe eft plus que fuffifante, & qu'il ne faut pas y en ajouter. D'autres y en ajoutent, mais en plus grande ou en moindre quantité, fuivant la qualité des matieres, & penfent qu'il en faut plus à celles qui font dures & féches, qu'à celles qui, étant fraîches & tendres, fe font très-gonflées & chargées de beaucoup d'eau à la trempe. Je fuis fâché de ne pouvoir rien dire de plus précis fur ce point; car je crois qu'il eft de l'intérêt du Fabriquant d'employer affez précifé-ment la quantité d'eau qui convient, d'autant que fi l'on y en mettoit trop, il faudroit continuer fort long-temps le feu pour épaiffir la colle. En ce cas, on confommeroit du bois, & la colle en feroit plus brune; fi on y en met-toit trop peu, la colle feroit faite avant que toutes les parties fuffent fondues : une portion des fibres propres à faire de la colle refteroit donc dans le marc, & ce feroit une perte pour le Maître de la Fabrique. Cependant il m'a paru qu'un à peu-près fuffit, & qu'avec un peu d'ufage on y atteindra aifément, pourvû qu'on foit prévenu qu'il faut ajouter moins d'eau aux matieres qui en prennent beaucoup à la trempe, & qui fe gonflent confidérablement, qu'à celles qui font dures & féches. Pour connoître s'il étoit important d'employer beaucoup d'eau, j'ai pris de belles rognures de gant; je les ai mis tremper vingt-quatre heures dans de l'eau claire; après les avoir laiffé un peu égoutter, je les ai mifes dans une marmite de fer fondu, qui avoit un couvercle auffi de fer fondu, & qui fermoit affez exactement; ayant mis deffous d'abord un petit feu, puis un plus fort, mes rognures fe fondirent prefqu'entiérement, & me fournirent une colle qui s'épaiffit & fe deffécha promptement. Je fis enfuite bouillir de l'eau; j'y jettai de pareilles peaux féches, elles s'y fondirent; mais j'eus bien de la peine à les épaiffir affez pour faire de la colle en tablettes. Je reviens à ce qui fe pratique dans les Fabriques.

On allume fous la chaudiere d'abord un petit feu pour fondre les ma-tieres peu-à-peu & fans les brûler. On augmente ce feu par degré, jufqu'à faire bouillir la colle, & à mefure que la colle fe fait, les uns diminuent le feu, prétendant qu'il faut laiffer la colle fe faire fans la remuer : d'autres, quand une partie des peaux eft fondue, braffent & remuent vigoureufe-ment les matieres avec le palon *H*; ce qu'ils répetent de temps en temps jufqu'à ce que la colle foit faite, ce qu'on reconnoît en en rempliffant une co-que d'œuf; elle eft bonne à tirer, fi, lorfqu'elle eft refroidie, elle forme une gelée affez épaiffe. Quand une partie eft fondue, il faut diminuer le feu juf-qu'à ne faire bouillir ce qui s'eft fondu qu'à très-petit bouillon, évitant de faire trop de feu; car il vaut mieux aller lentement, que de rien précipiter. Cette opération dure ordinairement 12, 14 ou 15 heures : lorfqu'une partie des marchandifes eft fondue, il s'éleve quelquefois à la fuperficie de la li-queur une écume qui contient du fang cuit : quelques-uns l'ôtent avec des écumoires; mais on peut s'en difpenfer : ces impuretés fe fépareront dans la

cuve

cuve ou dans les boîtes. On entretient un petit feu fous la chaudiere pour que la colle ne faffe que frémir, & on remue de temps en temps les matieres avec une pelle qui a un manche de bois, pour que les matieres légeres qui fe portent à la furface plongent dans la colle fondue & fe fondent elles-mêmes, & auffi afin que celles qui tombent au fond ne fe brûlent point.

Je crois que dans les efpaces de temps où l'on ne braffe point la colle, il feroit avantageux de couvrir la chaudiere d'un couvercle de paille treffé avec de l'ofier, qu'on éleveroit au moyen d'une corde paffée dans une poulie, lorfqu'on voudroit braffer la colle ; par ce moyen on retiendroit la fumée, cette vapeur chaude & humide étant très-propre à précipiter la fonte des matieres.

L'endroit où l'on cuit la colle eft un petit bâtiment *R*, *Pl.* I, fermé, dans lequel font montées les chaudieres femblables à celles *Q*, *Pl.* II ; & auprès de chaque chaudiere, il y a un cuveau de bois, cerclé de fer *S*, *Pl.* II. Quand en mettant un peu de colle fondue fur une affiette ou dans une coque d'œuf, on apperçoit qu'en fe refroidiffant elle prend la confiftance requife, on juge qu'il eft temps de vuider la chaudiere. Pour cela on établit fur la cuve une cage longue & quarrée, qui occupe tout le diametre de la cuve. Cette cage fe nomme *Civiere*, parce qu'elle eft formée de barreaux comme la civiere *F*. On met dans le fond de cette civiere de la paille longue ; il feroit encore mieux d'y mettre une toile de crin. Il faut que le cuveau foit tout près de la chaudiere, non-feulement pour tranfporter plus aifément les matieres dans la civiere, mais encore pour que la chaleur du fourneau empêche la colle de fe refroidir, & qu'elle refte coulante.

Quand donc les matieres qui doivent fournir la colle font fondues, & que la colle eft cuite, après avoir laiffé le plus gros marc fe précipiter, on vuide la chaudiere avec une grande cuiller de cuivre rouge *T*, qu'on nomme *Caffin*; on met ce qu'on en tire dans la civiere qui eft établie fur le cuveau. Cette opération doit fe faire promptement, & lorfque la colle eft fort chaude, pour que la liqueur foit plus coulante. Comme il eft important d'entretenir la colle chaude, non-feulement pour qu'elle s'égoutte bien du marc, mais encore pour qu'elle fe dépure par précipitation lorfqu'elle eft dans la cuve, on a foin que la chaudiere & la cuve foient dans un petit endroit exactement fermé, qui par ce moyen eft entretenu chaud par le feu du fourneau ; mais encore on couvre la civiere & la cuve avec une toile en plufieurs doubles, afin de prévenir le refroidiffement.

Pour ne rien perdre de ce qui peut fournir de la colle, on laiffe long-temps le marc, qu'ils nomment *le fumier*, dans la civiere, pour qu'il s'égoutte.

Communément on met le marc qu'on tire de la civiere fe deffécher à l'air, & quand il eft bien fec, on s'en fert pour entretenir le feu fous la chaudiere, ce qui produit une économie fur le bois, qu'un fabriquant m'a dit aller à plus de 1000 livres par an.

Il eſt bon que· la liqueur reſte quelque temps dans le cuveau pour ſe dé- purer par précipitation, en donnant le temps aux ſubſtances étrangeres de ſe précipiter au fond ; pour cela on doit fermer les portes & les fenêtres de l'attelier où ſont les chaudieres & les cuveaux, afin que le refroidiſſement ſe faſſe lentement & que la colle s'entretienne liquide, ſans quoi les impure- tés ne ſe précipiteroient pas. On laiſſe ordinairement la colle ſe dépurer ainſi par précipitation pendant trois ou quatre heures ; ſi en tenant le cuveau dans un lieu bien chaud, au moyen d'un poële, on ne tiroit la colle qu'au bout de ſix, huit ou dix heures, elle en ſeroit plus belle; car la meilleure dépura- tion eſt celle qui ſe fait lentement.

Quand on juge que la colle s'eſt ſuffiſamment dépurée, on la tire encore chaude de la cuve, on la porte promptement & on la verſe dans des auges ou des boîtes de bois *V*, *Pl.* II & III, qu'on a auparavant bien mouillées, & au fond deſquelles il doit toujours reſter de l'eau, principalement pour que les planches ne ſe retirent pas, & que les boîtes ſoient étanches, afin que la colle qu'on y mettra ne ſe perde pas ; mais on doit les égoutter avant que de mettre la colle dedans.

Dans cette opération, quelques-uns paſſent la colle par des tamis de crin, auxquels on donne ordinairement une forme ovale, parce qu'elle eſt plus commode pour remplir les boîtes qui ſont longues & étroites ; mais cette opération n'eſt pas ſans inconvénient, & le mieux eſt de clarifier la colle par précipitation, comme nous l'avons dit.

Les boîtes *S* ſont de bois de chêne ou de ſapin bien aſſemblé ; elles ont ſept pouces de hauteur, neuf de largeur, & environ trois pieds de longueur. Elles doivent être d'un pouce plus larges par le haut que par le bas.

On verſe donc dans ces boîtes la colle fondue, clarifiée par précipitation. Le cuveau *S*, *Pl.* II, eſt percé à différentes hauteurs, où l'on ajoute des ro- binets de bois. Le plus bas eſt à un pouce & demi du fond, & le plus élevé eſt à trois pouces & demi du fond. La liqueur qui vient par le robinet le plus élevé, fournit la plus belle colle ; & ſi on veut l'avoir très-belle, il ne faut pas tirer tout ce qui peut venir par ce robinet, parce qu'à la fin, il viendroit un peu de graiſſe, qui nageant ſur la colle, lui donneroit un œil déſagréable. Cependant on tire la liqueur par les différents robinets tant qu'elle vient claire ; celle qui coule par le dernier robinet, pour n'être pas claire, n'en eſt pas moins bonne. D'ailleurs quand il ſe précipite du marc au fond des boîtes, on l'ôte lorſqu'on la coupe par feuillets. Le ſurplus qui eſt précipité au fond de la cuve contenant beaucoup de colle, on le met avec les matieres neuves dans la chaudiere.

Malgré le ſoin qu'on a pris de dépurer la colle fondue, on trouve preſque toujours un peu de graisse figée à la surface de la colle qu'on a mise dans les boîtes , & au fond un peu de marc; mais on retranche ces matieres en partie lorsqu'on coupe la colle en tablettes.

On laisse la colle environ vingt-quatre heures se refroidir & s'épaissir dans les boîtes où on l'a mise au sortir du cuveau, les tenant sous un hangard *A A*, *Pl.* I & III, à couvert de la pluie & du soleil; à mesure qu'elle perd de son humidité , elle diminue de volume; & quand elle a pris assez de fermeté pour être tirée des boîtes , elle a environ quatre pouces d'épaisseur. Alors on travaille à la tirer de ces boîtes pour la couper par tablettes , ainsi que nous allons l'expliquer.

Quoiqu'on ait mouillé les boîtes, la colle y adhere; ainsi pour la détacher du bois, on prend de grands couteaux à deux tranchants *X*, *Pl.* II, qu'on trempe dans de l'eau, & on en passe la lame entre la colle & les planches des boîtes, ayant soin de mouiller souvent cette lame. On parvient ainsi à la passer tout autour de la colle qui s'est figée & qui tient aux parois des boîtes.

Quand on a fait le tour des boîtes avec le couteau, on coupe avec le même couteau la colle qui est dans les boîtes , en cinq morceaux ou parallélipipedes qui ont à peu-près sept pouces de longueur, neuf de largeur, & environ quatre d'épaisseur. Pour couper plus réguliérement ces morceaux , on pose sur la colle un petit chassis qu'on nomme *moule* ou *calibre Y*, *Pl.* II, dont la grande longueur doit être égale à la largeur de la boîte. La largeur du moule doit être telle qu'elle divise la longueur de la boîte en parties égales sans fractions. Ayant posé ce moule sur la colle qui est raffermie , on conduit le couteau le long d'un des côtés; mais il s'agit d'enlever de la boîte ces parallélipipedes de colle. On le fait avec une palette de bois qui a un manche. Le corps de cette palette est précisément de la largeur des boîtes, & comme elles sont plus étroites par le fond que par le haut, la palette est aussi plus étroite à son extrémité que du côté du manche ; en un mot , on fait ensorte qu'elle joigne exactement l'intérieur des boîtes. On mouille cette palette , & on la fourre entre les morceaux qu'on veut enlever, l'introduisant dans les fentes que le couteau a faites; on commence donc par mettre la palette dans la fente qui sépare le premier parallélipipede du second , & la faisant glisser sous la colle, on l'enleve sur cette palette. C'est ce morceau de colle qui est le plus difficile à enlever; cependant il ne faut jamais commencer par les morceaux des bouts ; on y réussiroit rarement ; mais un du milieu étant une fois enlevé , les autres se détachent aisément, parce qu'on peut incliner la palette pour la faire glisser sous les autres morceaux. Les Ouvriers très-accoutumés à ce travail, blâment cette pratique ; parce que, comme il faut un point d'appui pour enlever la palette, on endommage le parallélipipede voisin de celui qu'on enleve : ils se passent donc de cette palette , & ayant versé un peu d'eau sur la colle avant que de la détacher avec le couteau , ils ont l'adresse de tirer ces morceaux de colle des boîtes avec les mains.

Il eft important pour tirer facilement les parallélipipedes des boîtes, que la colle ne foit ni trop molle, ni trop feche ; fi elle étoit trop molle, les morceaux fe briferoient ; fi elle étoit trop ferme, la colle feroit fi adhérente à la boîte qu'on ne pourroit l'en féparer, & on auroit peine à la couper en tablettes, comme nous le dirons dans un inftant.

Quand un morceau de colle eft enlevé, on le porte fur la palette même & on le fait glifler fur une planche Z, *Pl.* I, qui a environ un pouce d'é-paiffeur, & à un des bouts de laquelle il s'en éleve une autre perpendi-culairement ; celle-ci fert d'adoffoir, c'eft-à-dire, qu'une des faces du parallé-lipipede de colle eft pofée fur la planche horizontale, & un de fes côtés s'appuye fur la planche verticale ; alors l'Ouvrier *&*, *Pl.* III fe plaçant du côté de la planche verticale, & tenant des deux mains l'efpece de fcie *&*, *Pl.* II, dont la monture a, au lieu d'une corde, un gros fil de fer *e d* ten-du par un écrou ; de plus, au lieu d'un feuillet tranchant, il y a une lame mince de cuivre *a a*, qui fuffit pour couper la colle : en plaçant cet inftru-ment dans une pofition horizontale, l'Ouvrier qui le tient des deux mains, le tire à lui, & coupe le parallélipipede par tranches horizontales, auxquel-les il donne l'épaiffeur qu'elles doivent avoir. Ordinairement on retranche une lame mince de deffus, & une de deffous, celle-ci étant fouvent char-gée de quelques faletés qui ne fe font pas précipitées dans la cuve, & celle de deffus ayant quelques gouttes de graiffe figée qui donne un vilain coup d'œil à la colle.

L'habitude des Ouvriers fait qu'ils coupent leurs tablettes de colle très-réguliérement, étant conduits par le fimple coup d'œil. D'ailleurs comme la colle fe vend à la livre, la précifion dans l'étendue & l'épaiffeur des ta-blettes eft affez indifférente ; feulement les Fabriquants effayent de ne les pas faire fort épaiffes, parce que plus elles font minces, plus la colle paroît tranfparente. A l'égard des feuillets qu'on a levés deffus & deffous les parallélipipedes, on les remet dans la chaudiere avec d'autres marchandifes.

Quand les feuilles font ainfi coupées, on les porte à la fécherie *A A*, qui eft un hangar ou halle couverte par-deffus, mais dont les côtés ne font garnis que de rideaux qu'on ferme dans le befoin, laiffant le plus qu'il eft poffible, un libre paffage à l'air qui deffeche très-promptement la colle fans l'altérer.

Sous cette halle font des poteaux *B B*, *Pl.* III, qui portent de longues chevilles, fur lefquelles on pofe des chaffis de menuiferie, où font cloués des filets *C C*, *Pl.* II & III, femblables à ceux des Pêcheurs. C'eft fur ces filets qu'on pofe les feuilles de colle, pour les faire fécher, comme le fait l'Ouvrier *D D*, *Pl.* III : on les arrange tout près les unes des au-tres pour ménager la place ; mais on a foin qu'elles ne fe touchent pas.

On

On ne ferme les rideaux de la sécherie que quand il pleut, ou quand le soleil peut donner sur la colle. Il est sensible que s'il pleuvoit sur ces tablettes de colle qui sont presqu'en gelée, elles se déformeroient; mais le soleil est autant à craindre: car si un rayon de soleil chaud donnoit dessus, 5 à 6 minutes suffiroient pour la faire fondre & tomber par gouttes.

Quelquefois dix jours suffisent pour sécher la colle, & d'autresfois il en faut plus de quinze. Quand on met la colle sur les filets, elle est assez ferme pour ne point passer au travers des mailles; mais elle est assez tendre pour que les fils s'impriment sur leur superficie, ce qui fait les lozanges qu'on apperçoit sur les tablettes de colle *E E*, *Pl.* II : il faut avoir l'attention de les détacher de temps en temps des filets pour les retourner, sans quoi ils s'y attacheroient de façon qu'on seroit obligé de déchirer les filets pour avoir les feuilles de colle. Si cependant cet accident arrivoit, on parviendroit à enlever la colle sans déchirer les filets, en la mouillant un peu par-dessous avec une éponge imbibée d'eau.

Quand la colle est à demi seche, on perce les feuilles à un de leurs bouts, pour pouvoir y passer une ficelle, qui sert à les pendre dans les magasins, comme on le voit en *F F*, *Pl.* I. Lorsque les tablettes de colle sont presque seches, on peut leur donner un coup d'œil séduisant, en les mouillant un peu, & les frottant avec un linge neuf. Cette opération leur donne le poli & la transparence qui fait estimer la colle d'Angleterre.

Le tonnerre fait tourner la colle, non pas quand elle est dans la chaudiere, mais quand elle repose dans la cuve, ou lorsqu'elle est dans les auges. Au séchoir, le tonnerre n'y fait plus rien; elle ne craint alors que la pluie & le soleil. Cependant si elle étoit surprise par la gelée, avant qu'elle fût seche, elle seroit gélatineuse, & auroit perdu sa transparence, & quoique sa qualité ne fût point altérée, elle ne seroit plus de vente, il faudroit la refondre; ainsi quand il survient de la gelée, lorsque la colle sur les filets est encore tendre, il faut porter les feuilles dans un endroit où la gelée ne pénetre point. On se presse donc de porter à la cave ou dans un cellier celles qui ne sont pas seches, ainsi que les boîtes où l'on a mis la colle se refroidir. A l'égard des cuveaux, comme ils sont à côté des chaudieres dans un lieu petit & fermé, il faudroit qu'il fît un froid bien violent pour que la colle y fût endommagée par la gelée; mais on peut dire en général que les temps de grandes chaleurs & de gelée, ne sont point favorables pour faire la colle. Les feuilles de colle se conservent aisément en magasin, & même on estime davantage la colle qui est anciennement faite, parce qu'étant plus seche, elle porte plus de profit; mais les Marchands essayent de la tenir dans un lieu qui ne soit ni fort sec ni humide.

Dans un lieu chaud & sec, elle perdroit de son poids, & il en résulteroit un déchet qui leur seroit préjudiciable. Si elle étoit dans un lieu humide, elle s'affoupliroit, & les Acquéreurs refuferoient de la prendre ; car c'est où fe porte principalement l'attention des détailleurs, qui favent bien qu'ils éprouveroient une perte confidérable s'ils achetoient une colle qui ne feroit pas feche.

Il y en a qui veulent que la colle foit un peu rouge, d'autres eftiment celle qui eft blonde ; mais tous veulent qu'elle n'ait point de taches obfcures ; elle ne doit point avoir d'odeur. Les caffures doivent être brillantes, comme fi c'étoit un morceau de glace. A l'ufer, il ne doit point s'amaffer de marc au fond du vafe où on la fait fondre, & comme cela arrive quelquefois, parce qu'on la brûle, des Ouvriers attentifs font fondre leur colle au bain Marie ; mais la meilleure épreuve eft de mettre un morceau de colle tremper dans l'eau pendant trois ou quatre jours. Il doit fe gonfler beaucoup, mais ne fe pas diffoudre, & fe deffécher enfuite, fans avoir perdu de fon poids ; ce qui fait connoître qu'elle ne contient point de finovie ni de jus de viande, & qu'ainfi elle eft entiérement une fubftance gélatineufe.

Les Menuifiers font grand ufage de la colle-forte ; les Selliers s'en fervent pour nerver les panneaux des voitures. Les Marqueteurs & les Ebéniftes choififfent avec grand foin la meilleure colle & la plus forte. Quelques-uns prétendent qu'ils la rendent plus adhérente au bois, en frottant les parties qu'ils veulent coller avec de l'ail. On peut voir dans l'Art du Facteur d'Orgues la façon de fondre promptement la colle fans l'altérer.

ARTICLE II.

De la Colle dite de Flandre.

Cette Colle ne différe point de la groffe Colle-forte pour la façon de la faire ; mais comme elle ne fert qu'aux Peintres en détrempe, aux Fabriquants de Draps, & à d'autres ufages qui n'exigent point une colle très-forte, & que fon principal mérite eft d'être blonde & tranfparente, on ne la fait point comme la groffe colle, dite *d'Angleterre*, avec des nerfs, des oreilles & des rognures de peaux d'animaux âgés, même celles de liévre, de lapin, & de caftor, qui la rendroient rouge, mais avec des rognures de peaux de mouton, des peaux d'agneau, ou d'autres jeunes animaux. C'eft le cas où l'on peut employer des pieds de veau & de mouton, qui fourniffent une gelée tendre ; ceux de bêtes maigres font les meilleurs : une partie de rognures de parchemin ne peut qu'être avantageufe pour fe procurer une belle colle. Il faut que ces matieres aient été lavées avec foin. On fera bien de tenir la colle fe dépurer plus long-temps dans le cuveau. Mais ce qui contribue beaucoup à la faire paroître tranfparente, eft de faire les feuilles fort minces. Elles n'ont gueres qu'une ligne d'épaiffeur au milieu ; leur largeur ordinaire eft de deux pouces, la longueur de 6 à 7.

Pour les couper à cette petite épaiffeur, quand on a tiré d'une boîte un parallélipipede de cette colle, on le pofe fur un de fes côtés étroit dans une cage ou dentier *G G*, *Pl.* I *&* II, entre deux rangées de fil d'archal qu'on tient plus ou moins gros, fuivant qu'on veut que les tablettes ayent plus ou moins d'épaiffeur, & on coupe les feuilles avec l'inftrument *H H*, *Pl.* II, qui reffemble à une fcie qui a un feuillet fort mince, & fans dents, avec lequel on coupe les tablettes à une très-petite épaiffeur, ce qui contribue à les faire paroître tranfparentes, & d'une couleur ambrée, à caufe des matieres qu'on a employées pour faire la colle.

Cette colle n'eft pas à beaucoup près auffi bonne que la groffe Colle dite *d'Angleterre* pour les Menuifiers, les Ebéniftes, les Marqueteurs ; mais elle eft préférable pour plufieurs Arts, & particuliérement pour les Peintres. Une colle trop forte feroit fujette à tomber par écailles ; d'ailleurs la colle de Flandre altere moins la vivacité des couleurs. Cependant pour le blanc, on donne encore la préférence à la colle de gant, que les Peintres font eux-mêmes.

ARTICLE III.

De la Colle à Bouche.

La Colle à bouche eft celle dont les Deffinateurs fe fervent pour ajouter enfemble, & fort proprement, plufieurs feuilles de papier, quand ils n'en ont pas d'affez grandes pour leurs deffeins. On l'appelle *Colle à bouche*, parce que lorfqu'on veut en faire ufage, au lieu de la faire fondre comme la colle ordinaire, on en met un bout dans la bouche, où on la laiffe quelque temps jufqu'à ce qu'elle s'attendriffe au point qu'elle fe mêle avec un peu de falive, & rend celle-ci fort gluante. Avant que d'enfeigner comment il faut s'en fervir, je vais décrire la maniere de la faire.

La Colle à bouche n'eft autre chofe que la Colle-forte ordinaire, que l'on aromatife, pour lui ôter le goût défagréable & rebutant qu'elle auroit naturellement, & que l'on réduit en petits pains ou tablettes, pour s'en fervir plus commodément. On peut la faire avec toute efpece de colle-forte, même avec celle de gant, dont nous parlerons dans la fuite ; mais il eft mieux de fe fervir pour cela de celle d'Angleterre, parce qu'elle eft la plus ferme.

On en prendra, par exemple, 4 onces ; on la caffera en petits morceaux à l'ordinaire : on la fera tremper pendant deux ou trois jours dans une fuffifante quantité d'eau froide , dans un pot de terre vernifié : enfuite on jettera toute l'eau fuperflue, enforte qu'il n'en refte point du tout , & on la fera fondre fur un petit feu. Lorfqu'elle fera bien liquide , on y mettra deux onces de fucre ordinaire , qu'on mêlera bien avec la colle à mefure qu'il fe fondra ; il y en a qui y ajoutent un peu de jus de citron , qui paroît y être affez inutile.

On aura un marbre d'environ 15 pouces en quarré , ou une planche de bois de pareille grandeur à peu-près ; on y fera un rebord aux quatre côtés , avec de la cire ou une petite bougie, on frottera toute la furface de ce moule avec un petit linge bien imbibé de bonne huile d'olive , enforte que le moule en foit bien mouillé ; & l'ayant pofé de niveau, on verfera par-deffus toute la colle , fans lui donner le temps de cuire davantage. On la laiffera quatre ou cinq jours ou plus fur ce moule , pour qu'elle puiffe prendre affez de confiftance à pouvoir en être enlevée fans fe déchirer. Elle aura alors environ trois lignes d'épaiffeur.

On ôtera lorfqu'il en fera temps , cette grande plaque de colle : on l'étendra fur une ferviette pliée en quatre , étendue fur une table ; on couvrira la colle d'une autre ferviette également pliée en quatre : on chargera le tout avec une planche ou le même moule. Ces linges ôtent d'abord toute l'huile qui pourroit encore être adhérente à la colle , & fur-tout ils en afpirent l'humidité. Quelques heures après , on fera bien fécher au feu la ferviette de deffus , on la mettra fur la table , & la colle par-deffus : on fera fécher également l'autre ferviette , qu'on mettra par-deffus la colle : on chargera le tout comme la premiere fois. On continuera à faire cette même opération trois ou quatre fois par jour pendant quinze jours : enfin jufqu'à ce que la colle foit devenue affez ferme pour la mettre fur fon champ fans prefque fléchir ; mais il ne faut pas encore qu'elle foit caffante.

Il faut remarquer qu'on peut donner à cette colle l'épaiffeur qu'on fouhaite , en la chargeant plus ou moins ; fi on la charge beaucoup, elle devient plus mince, parce qu'on l'empêche de fe retirer fur elle-même ; fi on la charge peu, elle devient plus épaiffe, par la raifon contraire ; mais il faut la charger , pour qu'elle ne fe coffine point , & qu'elle refte droite & bien plane. Si on la laiffoit fécher à l'air fans la gêner du tout , elle fécheroit bien plus promptement ; mais les pains qu'on en feroit feroient fort tortueux , & ne feroient pas commodes pour l'ufage. Il eft bon qu'ils aient une ligne d'épaiffeur, fur 8 à 9 lignes de largeur , & environ 3 pouces de longueur.

Avant que la colle foit affez feche pour être caffante, on la coupera à cette mefure avec des cifeaux, à la fufdite mefure ; enfuite on arrangera tous ces pains l'un auprès de l'autre , fans qu'ils fe touchent , en les remettant entre les linges, qu'on fera fécher de temps en temps , & qu'on chargera. On répétera cette

opération

opération jufqu'à ce que la colle foit parfaitement feche & caffante.

Ufage de la Colle à Bouche.

On commencera par couper bien droit & nettement le bord des deux feuilles de papier qu'on veut ajouter enfemble ; ce qui fe fera aifément, au moyen
d'une regle & de la pointe d'un couteau ou d'un canif. On mettra ces deux
bords l'un fur l'autre, enforte qu'ils fe croifent d'environ une ligne, ou deux.
Si le papier eft bien fort & bien grand, on arrêtera ces deux feuilles, en
mettant une regle fur chacune, qu'on chargera de quelque poids à chaque
bout : on fera attention que les bords de ces feuilles fe croifent également
dans toute la longueur de la couture. Pour cela, on marquera à chaque
bout un point avec un compas. On coupera avec un canif, & le long d'u-
ne regle, quelques bandes d'autre papier, & on en pofera une fur la feuille
inférieure le long du bord de la feuille fupérieure.

Le tout étant prêt, on prendra un pain de colle à bouche : on amincira le
bout en tranchant, foit avec un couteau ou une lime groffiere ; on mettra ce
bout dans la bouche ; on le retiendra avec les dents, pour qu'il ne gliffe &
qu'il ne s'échappe pas ; & lorfqu'après l'avoir ainfi gardé dans la bouche pendant 3 ou 4 minutes, on fentira que la falive qui touche la colle eft devenue gluante & épaiffe, on prendra ce pain, & on le paffera deffous le bord de
la feuille fupérieure de papier, en promenant cette colle de gauche à droite,
& de droite à gauche, de la longueur d'environ un pouce & demi. Cette opération doit fe faire affez promptement, fur-tout en été. On commence au milieu
de la couture : auffi-tôt qu'on a mis ainfi la colle, on ôte la bande de papier,
on en met une autre par-deffus la couture, & avec un liffoir, ou un couteau d'ivoire ou de bois, on frotte fortement fur cette bande de papier. Alors
il y aura une partie d'un pouce & demi de longueur vers le milieu de la couture qui fera collé. On fera la même opération à un bout de la couture, à l'extrêmité des feuilles de papier ; enfuite à l'autre extrêmité oppofée ; puis au milieu de l'entre-deux, puis à l'autre ; ainfi alternativement jufqu'à ce que toute
la couture foit achevée de coller. Plufieurs, pour éviter les plis, commencent
par un bout, & finiffent par l'autre.

Il y a plufieurs obfervations à faire : 1o. pour opérer commodément, on pofera fur la table une des deux feuilles de papier, tellement difpofée, que le
bord coupé à la regle foit oppofé à foi, & le bord de l'autre feuille tourné devant foi, étant pofé par-deffus la premiere feuille. 2°. La couture fera plus propre fi la face de la feuille fur laquelle on aura appliqué le canif, lorfqu'on
en a coupé le bord, eft pofée en-deffous, c'eft-à-dire, touchant la table, &
la feuille fupérieure pofée dans la même fituation où elle a été coupée, enforte
qu'on mette la colle du côté oppofé à l'opération de la coupe. La raifon en eft

que le tranchant du canif en coupant le bord du papier , lui forme un petit chanfrein & une petite bavochure imperceptible au-deſſous, que l'on rend utile pour que la couture ſoit moins apparente & plus propre , en la faiſant remonter du côté où l'on met la colle. 3º. La raiſon pour laquelle on met une bande de papier le long du bord de la feuille ſupérieure, eſt afin que lorſqu'on met le pain de colle entre les deux feuilles , elle empêche que la feuille inférieure ne ſe tache ; ce qu'on ne pourroit éviter , ſi on ne couvroit pas par cette bande le bord de la feuille de deſſous. 4º. Il faut prendre garde de ne pas trop enfoncer le pain de colle entre les deux feuilles , pour n'en pas tacher le deſſous. Il y en a qui , pour cela, mettent une bande de papier au-deſſous , de toute la longueur de la couture; ce qui eſt mieux. 5º. Il faut avoir ſoin , auſſi-tôt qu'on a collé un morceau, de remuer un peu les deux feuilles de papier , parce qu'il arrive quelquefois que ſi l'on enfonce un peu trop le pain de colle entre les deux bords des deux feuilles, elles ſe collent ſur la table , ou ſur la bande de papier du deſſous. 6º. Il y a des Deſſinateurs aſſez adroits, pour ôter aux deux bords des feuilles de papier qu'ils doivent coller enſemble , la moitié de leur épaiſſeur; ils donnent à cet effet, à deux lignes du bord déja coupé, un coup de canif le long d'une regle , & ils ne l'enfoncent que juſqu'à la moitié de l'épaiſſeur , enſuite ils détachent en deux dans l'épaiſſeur, une petite bande de papier. Ils forment par-là comme une feuillure. Lorſqu'ils ont fait la même opération au bord de l'autre feuille , ils mettent & collent l'une ſur l'autre ces deux feuillures. Par ce moyen la couture eſt bien plus propre , & ne ſe trouve pas plus épaiſſe que le reſte du papier. Mais on ne peut faire cette opération que ſur du fort papier. 7º. On n'eſt obligé d'aiguiſer le bout d'un pain de colle à bouche que la premiere fois qu'on s'en ſert, le tranchant s'entretient toujours. 8º. Auſſi-tôt qu'on a collé un endroit entre les feuilles , on remet la colle dans la bouche, où elle ſe prépare en attendant , pour coller l'endroit ſuivant. On n'eſt obligé de la garder pendant quelques minutes dans la bouche , que lorſ-qu'on commence à coller ; enſuite elle eſt toujours en train, ſans qu'il ſoit néceſſaire d'attendre. 9º. Il faut changer pluſieurs fois les bandes de papier , à meſure qu'elles ſe tachent ou s'humectent , pour coller plus proprement. 10º. On obſervera de ne pas mettre de la ſalive à la colle lorſqu'on l'ôte de la bouche, on ſaliroit par-là la couture.

J'ai fait pluſieurs fois de la Colle à Bouche avec de la Colle de Flandre , & j'avois décrit ici mon pro-cédé ; mais ayant trouvé celui de Dom Bedos plus parfait , j'ai cru devoir lui donner la préférence.

ARTICLE IV.

Colle de Pieds de Veau.

Nous avons dit qu'on pouvoit comprendre les pieds de veau dans la colle dite *de Flandre* ; mais en ce cas on ne les emploie pas feuls : on les mêle avec d'autres matieres, qui donnent à cette colle plus de confiftance qu'elle n'en auroit fi on employoit les pieds feuls. Mais dans les cas où l'on a befoin d'une colle claire & tranfparente, & lorfqu'il n'eft pas important qu'elle ait beaucoup de force, on en peut faire avec feulement des pieds de veau. Pour cela on emporte le poil à l'eau bouillante, comme on le fait à un cochon de lait ; on détache enfuite les os, la graiffe, & la finovie qui eft fous une apparence glaireufe. On fait bouillir le refte dans de l'eau, on écume tout ce qui fe porte à la fuperficie ; & quand le bouillon refroidi prend la confiftance d'une gelée épaiffe, on paffe la colle par un linge, & on la laiffe fe refroidir lentement, pour la dégraiffer le plus qu'il eft poffible. Quand enfuite on veut l'employer, on la fait chauffer, ayant attention de la tirer à clair, afin de ne pas mêler avec la bonne colle, un peu de fédiment qui s'eft précipité au fond. Cette Colle eft tranfparente ; mais elle n'a pas beaucoup de force, & on en fait peu d'ufage, parce que les pieds de veau étant employés dans les aliments, fourniroient une colle trop chere.

ARTICLE V.

De la Colle de Gant & de Parchemin.

La Colle de gant eft encore un diminutif de la Colle-forte, & elle n'a pas à beaucoup près autant de force ; elle en a cependant plus que celle de pieds de veau, & elle eft faite avec des matieres qui coûtent beaucoup moins. C'eft pourquoi les Peintres en détrempe, qui n'ont pas befoin d'une colle très-forte, en font un grand ufage, & pour le blanc ils la préferent à celle de Flandre. Voici comme on la fait : on prend une livre & demie de rognures de peaux blanches de gant, qu'on achette chez les Gantiers & Peauffiers ; on évite qu'il y ait du chamois. On fait bouillir douze pintes d'eau ; quand elle eft bien bouillante, on met dedans les rognures de peaux, & remuant de temps en temps avec un bâton, on continue de faire bouillir l'eau jufqu'à la réduction de la moitié ; alors on paffe la liqueur toute chaude par un linge, dans un pot de terre neuf ou propre.

Comme les Peintres en impreffion qui font ufage de cette colle, ont befoin qu'elle foit tantôt plus & tantôt moins forte, ils en mettent refroidir fur une affiette ; s'ils la trouvent trop forte, ils y ajoutent de l'eau bouillante ; s'ils la trouvent trop foible, ils en font évaporer une partie, ou y ajoutent des rognures. Ordinairement ils font encore bouillir le marc dans d'autre eau, pour obtenir une colle très-foible qu'ils emploient aux plafonds, ou qu'ils fortifient, en y ajoutant un peu de nouvelles rognures.

La Colle de parchemin qui fe fait avec des rognures ou ratures de parchemin, ou de vélin, fe fait comme celle de gant ; elle eft plus forte, mais pas tout à fait auffi blanche.

Les Doreurs en or bruni font grand ufage de cette colle, & de celle de gant.

La Colle qu'emploient les Drapiers pour leur chaîne, & les Papetiers, eft à-peu-près du même genre.

Les Papetiers pourroient fe fervir de colle de Flandre ; mais pour l'ordinaire ils font eux-mêmes leur colle. Pour cela, ils mettent les rognures de peaux dans une cage de fer qui eft fufpendue au milieu d'une chaudiere remplie d'eau bouillante : je dis bouillante, car pour toutes les colles qu'on fait avec des rognures de peau, il eft bien mieux de les mettre dans l'eau bouillante que dans de l'eau froide, qu'on feroit enfuite bouillir. La meilleure maniere de connoître fi la colle eft au degré de force qu'on défire, eft de coller quelques feuilles de papier, de les faire fécher, & enfuite d'appliquer la langue deffus ; fi la falive ne pénetre pas le papier, la colle eft au degré de force qui convient ; alors on y ajoute de l'alun de Rome, & on la paffe d'abord au travers d'un tamis de crin, puis par un drap.

Les Drapiers qui n'ont pas non plus befoin de colle très-forte, la font avec des peaux d'agneaux, de lapins ou de lievres.

Quand on emploie la colle fans la faire fécher en tablette, elle eft fujette, comme nous l'avons dit, à fe gâter, lorfque le temps eft difpofé à l'orage. On préviendra cet accident, fi dans les temps critiques on la met fur le feu pour la faire un peu cuire, ayant foin d'emporter une écume qui fe porte à la fuperficie.

A R T I C L E   V I.

De la Colle de Poiffon.

On tire cette Colle de Mofcovie ; mais les Auteurs ne font point d'accord fur l'efpece de poiffon qui la fournit : prefque tous penfent que les Mofcovites prennent la peau, les nageoires, les parties nerveufes & mucilagineufes de différentes efpeces de poiffons ; quelques-uns difent feulement que celui

qui

qui la fournit n'a point d'arrête, & qu'après avoir fait bouillir, à petit feu, les parties que nous venons de nommer jusqu'à consistance de gelée, on l'étend à l'épaisseur d'une feuille de papier pour en faire des pains ou des cordons, tels qu'on les voit dans le commerce.

Je crois qu'on peut faire une Colle par le procédé que je viens de décrire; car on fait une colle très-foible en faisant bouillir dans de l'eau des peaux d'Anguilles; j'en ai même fait avec des peaux & des nageoires de poisson : on auroit pu l'employer comme celle de parchemin, si on en avoit fait usage lorsqu'elle étoit en gelée. Je suis encore parvenu à la réduire en tablette; mais elle étoit très-brune, & fort difficile à dissoudre dans l'eau : peut-être qu'avec des précautions que je n'ai pas prises, on pourroit la faire moins défectueuse ; car on dit qu'on trouve en Angleterre & en Hollande une Colle de poisson, à la vérité peu-parfaite, qu'on vend en petits livrets. Je n'en ai point vu ; mais je puis assurer que la belle Colle de poisson, est tout-à-fait différente de ce qu'on voit dans les Auteurs qui ont essayé de nous dire d'où elle provient.

Comme je voyois beaucoup d'incertitude sur la façon de faire la belle Colle de poisson qu'on nous apporte de Russie, je priai M. Muller, alors Secrétaire de l'Académie Impériale de Péterfbourg & Correspondant de l'Académie des Sciences de Paris, de vouloir bien me procurer un Mémoire exact sur la façon de faire la Colle de poisson qui nous vient de Russie. Ce zélé & habile Correspondant ayant bien voulu répondre à mes invitations, je me trouve en état de jetter un jour considérable sur un objet qui est également intéressant pour les Arts & l'Histoire Naturelle.

Plusieurs poissons fournissent de la colle ; mais *l'Esturgeon*, & le poisson qu'on nomme *Sterled*, donnent la plus belle. Après celle-ci vient la colle d'un poisson nommé *Sevrjouga*, & en dernier lieu le *Belouga*; & quoique celle de ce dernier poisson soit la plus commune, on la sophistique en la mêlant avec celle de plusieurs autres poissons plus communs, & qui n'en fournissent pas d'aussi bonne.

Toutes ces Colles de poisson sont contenues dans la vessie qui est remplie d'air : cependant on en trouve une masse considérable qui est adhérente à l'arrête du dos : car la plupart des poissons, où se trouve cette substance, sont à arrête : cependant l'Esturgeon qui en fournit de belle, est mis au nombre des poissons cartilagineux.

La colle est donc placée le long du dos, & attachée à une partie cartilagineuse qui est propre au poisson dit *Acipenser*.

Le devant du ventre est rempli d'œufs ou caviar : quand on a emporté les œufs, on détache la vessie, & ensuite la vesiga, ou la substance qui fournit la colle ; elle est si adhérente au dos, qu'on a peine à l'en détacher : la partie de la vessie qui tient à cette substance est blanche, celle qui touche aux œufs est noirâtre.

COLLES.   F

La veſſie à air n'eſt pas diviſée en deux , comme dans d'autres poiſſons ; elle a la forme d'un cône , dont la baſe eſt du côté de la tête du poiſſon, & la pointe vers la queue. Après avoir retiré du poiſſon cette veſſie , on la met dans l'eau pour la nettoyer du ſang dont elle eſt ſouvent ſouillée ; ſi elle eſt nette , il n'eſt pas beſoin de la laver.

On ouvre avec un couteau la veſſie ſuivant ſa longueur, & on eſſaye de ſéparer de la colle la peau extérieure qui eſt brune. A l'égard de la membrane intérieure , elle eſt ſi fine & ſi blanche qu'il eſt bien difficile de l'enlever.

On enveloppe enſuite la colle dans une toile ; on la manie & on la pêtrit avec les doigts , juſqu'à ce qu'elle devienne molle comme une pâte , dont on forme de petites maſſes plattes , comme des gâteaux , qu'on perce dans le milieu pour les enfiler dans une corde, afin de les faire ſécher.

On peut s'épargner la peine de la pêtrir : pour cela on entaſſe au ſoleil les morceaux de colle , & on les couvre d'une toile humide ; la chaleur du ſoleil l'amollit au point qu'on peut les rouler avec les mains ſur une planche , pour en faire des cylindres dont on joint les deux bouts enſemble , ce qui forme des anneaux dans leſquels on paſſe une corde , pour les faire ſécher dans un endroit médiocrement chaud, mais à l'ombre ; car le ſoleil feroit bourſoufler la colle.

Ceux qui font de la colle pour la vendre , évitent de la trop deſſécher , afin de lui conſerver plus de poids ; cependant quand elle n'eſt pas bien ſeche, elle s'altere , & elle eſt ſujette à être mangée par les mittes.

On voit que la belle colle eſt toute faite dans le poiſſon , qu'il ne s'agit que de la monder des membranes qui l'enveloppent , du ſang qui la ſalit , & enſuite la faire ſécher pour qu'elle ne ſe gâte pas. Cependant on fait en Ruſſie une colle de poiſſon cuite , qui , quand elle eſt bonne , reſſemble à de l'ambre jaune : elle vient de *Gouriefgorodox* , petite ville ſituée ſur le *Yaix*. On n'en fait pas un objet de commerce ; cependant ſa dureté fait qu'elle n'eſt ſujette à aucune corruption : voici comme on la prépare.

On lie fortement l'ouverture ſupérieure , ou le large bout de la veſſie , avec un fil à coudre ; l'autre bout n'a pas beſoin d'être lié , étant naturellement fermé. On cuit les veſſies juſqu'à ce que la colle qui eſt dedans devienne tout-à-fait liquide. Les uns font couler cette colle liquide dans des moules de bois ou de pierre, auxquels on donne différentes figures ; d'autres laiſſent la colle ſe refroidir dans les veſſies même , & ils ôtent enſuite les membranes qui l'enveloppent.

Cette colle eſt nommée en Allemagne , *Colle à bouche* , parce que l'ayant attendrie dans la bouche , on peut s'en ſervir pour coller enſemble des feuilles de papier.

J'ai vu chez M. de Juſſieu une de ces veſſies tirée de l'Eſturgeon qui lui avoit été apporté de Bengale par M. Anquetil ; elle avoit 10 à 11 pouces de longueur , au moins 3 de largeur , & plus d'un demi-pouce d'épaiſſeur.

Nous avons mangé à Paris un *Scheid* frais , qui avoit été pêché dans le Danube ; il avoit au dos une maſſe de colle qui étoit tranſparente, délicate & bonne à manger. M. de Regemorte , ancien premier Commis de la Guerre, me l'avoit envoyé de Straſbourg , où on l'avoit apporté dans de l'eau , en le nourriſſant de poiſſon.

On peut auſſi en retirer de la Morue , comme je l'expliquerai en parlant de la pêche de ce poiſſon.

La Colle de poiſſon , pour être bien conditionnée , doit être blanche, claire , demi-tranſparente , ſeche , & ſans odeur.

Pour la diſſoudre , on la réduit en petits morceaux , en la battant avec un marteau , & la coupant enſuite avec des ciſeaux. En cet état , on peut la fondre dans l'eau en la tenant à une chaleur douce , & la remuant de temps en temps : elle ſe diſſout plus promptement dans du vin , & encore mieux dans de l'eau-de-vie ; ce qui eſt bien différent de la Colle-forte , qui ne ſe diſſout point du tout dans l'eſprit-de-vin. Les Ebéniſtes & les Eventailliſtes s'en ſervent pour attacher de petites parties délicates ; mais elle eſt trop chere pour l'employer à de gros ouvrages.

Lorſqu'elle étoit moins chere , on s'en ſervoit pour coller & clarifier le vin ; une demi-once de cette colle diſſoute dans deux pintes d'eau , ſuffit pour clarifier deux demi-queues ou un tonneau de vin , meſure d'Orléans.

On fait avec la Colle de poiſſon de petites Images de différentes couleurs , qui ont au milieu un petit cartouche en or faux , ſur lequel il y a différents ſujets imprimés. On tire ces Images d'Allemagne , & les Commiſſionnaires aſſurent qu'elles leur ſont envoyées de Hambourg & de Nuremberg. J'ignore comment on les fait ; on trouve ſeulement dans le Dictionnaire Economique , au mot *Image*, quelques procédés , pour donner à cette colle différentes couleurs. *

On ſe ſert encore de la colle de poiſſon pour luſtrer des étoffes de ſoie , & principalement des rubans. Les Ouvriers en gaze en font auſſi un grand uſage.

Voici comme l'on fait en Angleterre des taffetas noirs enduits de Colle de poiſſon , pour mettre ſur les coupures & les petites plaies. On tend ſur un petit chaſſis un morceau de taffetas noir , clair , & on paſſe deſſus avec une broſſe fine pluſieurs couches de Colle de poiſſon qu'on a fait fondre dans de l'eau-de-vie , comme je le dirai ci-après. Pour la derniere couche , afin que ces taffetas ayent une odeur agréable , on mêle avec la colle un peu de baume du Commandeur. Il ne faut mettre les couches que quand celles qui ont été appliquées les premieres ſont bien ſeches.

Ces petites emplâtres s'attachent difficilement à la peau ; il ne faut pas les humecter du côté de la colle , mais du côté du taffetas. On eſt quelque-

* Voyez la Note qui eſt au bas de la page ſuivante.

fois obligé, quand la plaie saigne, de les assujettir sur la blessure avec une bandelette de linge ; mais quand elles sont attachées, elles tiennent jusqu'à ce que le taffetas soit usé : on peut même se laver les mains sans que les emplâtres se détachent.

Il faut pour faire cette Colle 2 onces de colle de poisson, réduites comme il a été dit en petits morceaux, les mettre infuser avec 8 onces d'eau dans un lieu chaud, remuant fréquemment, & finir par faire bouillir la liqueur : on y ajoute une chopine de bonne eau-de-vie : à mesure que la liqueur bout, on l'écume ; & enfin on la passe par un linge.

Dans d'anciens Dispensaires, on recommande la Colle de poisson pour former des emplâtres : pour la dissoudre, ils disent qu'il faut la battre, la laisser amollir dans du vinaigre, & la faire bouillir, après y avoir ajouté de l'eau commune, un peu de chaux éteinte, & l'employer le plus chaud qu'il sera possible.

Maintenant la Colle de poisson entre dans le diachylon ; je ne sache pas qu'on en fasse d'autre usage en Médecine.

On lit dans les Secrets de Lémery, in-12. Tome IV, page 114, que pour tirer une empreinte de médaille avec de la colle de poisson, il faut prendre une médaille, de quelque métal que ce soit, plomb ou étain, fondue sur une médaille d'or ou d'argent, la frotter d'huile, puis l'essuyer avec un linge, ensorte qu'elle soit seulement un peu grasse ; faire tremper de la colle de poisson dans un pot vernissé, ou de verre, pendant trois jours, puis la faire bouillir jusqu'à ce qu'elle ait à-peu-près la consistance de la colle qu'on emploie pour coller du bois : alors il faut la passer par un linge ; ensuite on fait autour de la médaille qu'on a frottée d'huile, un rebord de terre grasse, épais d'environ un doigt : on remplit le godet de colle de poisson chaude ; on la garantit de la poussiere en la couvrant d'une feuille de papier : quand la colle est bien seche, on la détache peu-à-peu de la médaille, dont elle conserve l'empreinte. J'ai exécuté ce procédé qui m'a assez bien réussi ; mais pour que le relief de la médaille de colle paroisse, il est bon de la mettre sur un fond coloré. *

---

* Je viens de dire qu'en suivant le procédé de Lémery, je suis parvenu à tirer des empreintes de Médailles, mais que je n'avois pu apprendre comment on fait en Allemagne ces petites images qu'on donne pour récompense aux enfants. Faute d'avoir pu me procurer quelque chose de plus précis, je vais mettre ici une Note que j'ai tirée du grand Vocabulaire François, Tome 14. au mot *Image*.

On fait des Images ou Médailles avec la colle de poisson. Pour cet effet, prenez de la colle de poisson bien nette & bien claire ; brisez-la avec un marteau ; lavez-la d'abord en eau claire & fraîche ; ensuite en eau tiede ; ayez un pot neuf ; mettez-la dans ce pot ; faites-l'y tremper dans de l'eau pendant la nuit ; faites-l'y ensuite bouillir doucement une heure, jusqu'à ce qu'elle prenne du corps ; elle en aura suffisamment si elle fait la goutte sur l'ongle. Cela fait, ayez vos moules prêts ; serrez-les à l'entour avec une corde ou avec du coton, qui serve à retenir la colle ; frottez-les de miel ; versez dessus la colle, jusqu'à ce que tout le moule en soit couvert ; exposez-le au soleil, la colle s'égalisera & se séchera ; quand elle sera séche, l'image se détachera du creux d'elle-même, sera mince comme le papier, ou de l'épaisseur d'une médaille, selon la quantité de colle dont on aura couvert le moule. Les traits les plus déliés seront rendus, & l'image sera lustrée. Si on la veut colorée, on teint l'eau dans laquelle on fait bouillir la colle, soit avec le bois de Brésil, de Fernambouc, soit avec la graine d'Avignon, le bois d'Inde, &c. Il faut que l'eau n'ait qu'une teinte légere, & que la colle ne soit pas trop épaisse ; l'image en viendra d'autant plus belle.

ARTICLE

ARTICLE VII.

De la Colle de Farine.

ON fait de bonne Colle avec de la farine de froment : cependant on prétend qu'elle est plus forte quand on emploie de la farine de seigle, & qu'elle seroit encore meilleure, si on se servoit de farine de bled noir ou sarrazin.

Quand on prend de la pâte de farine de froment un peu ferme, & qu'on la presse continuellement entre les mains, sous un petit filet d'eau, en en rapprochant toutes les parties pour que la motte ne se sépare pas, il en sort par ce lavage beaucoup d'eau blanche., & il reste dans les mains une masse ductile & extensible, qui ressemble à une peau de gant mouillée ; car elle s'étend sans se rompre quand on en tire une partie entre les doigts : il paroît que par cette opération on soustrait de la pâte la fine fleur de farine ; & je serois disposé à soupçonner que ce qui reste dans les mains après le lavage de la pâte, est formé par la portion du grain, que les Boulangers appellent *le Gruau*, qui se brise difficilement, & qui après la premiere mouture reste par grains, comme du riz battu, d'autant que ce gruau est un peu transparent. Je soupçonne donc que c'est ce gruau qui fournit la partie extensible qui reste dans les mains quand on lave de la pâte, que c'est cette partie qui sert principalement à donner de la ténacité à la colle de farine ; suivant cette idée la fine fleur qui s'en va en lavant la pâte, seroit peu propre, étant seule, à faire de bonne colle. Pour donner quelque vraisemblance à cette conjecture, je ferai remarquer, 1o, qu'on ne peut pas faire de bonne colle avec la folle farine que les Meûniers ramassent dans leurs moulins avec un plumeau, & cette folle farine est une fine fleur. 2°. Qu'on fait de bonne colle avec l'amidon qu'on retire en bonne partie du gruau. 3°. Que la partie extensible qu'on retire de la pâte lavée, devient très-dure quand elle est seche : cependant j'avoue que je n'ai pas pu dissoudre parfaitement dans de l'eau tiede la substance extensible dont il est question.

Quoi qu'il en soit, pour faire de bonne Colle de farine, il faut commencer par former dans un chauderon une espece de pâte molle, en mêlant peu-à-peu la farine avec de l'eau chaude, & la remuant continuellement avec une cuiller de bois, comme si l'on vouloit faire de la bouillie : lorsqu'elle en a la consistance, on met le chauderon sur le feu, & on ajoute de l'eau à-peu-près autant qu'il y a de bouillie. Il faut, quand elle commence à fumer, remuer continuellement avec la cuiller de bois, & ajouter peu-à-peu de l'eau à mesure que la colle s'épaissit, parce qu'il faut qu'elle soit bien cuite : & on ajoute plus d'eau qu'il ne s'en évapore, afin que la colle soit liquide. Quand on peut l'employer encore chaude, elle s'étend beaucoup mieux que quand elle est

refroidie ; mais au moyen d'une petite préparation , les Cartiers qui ont befoin de bonne colle , parviennent à l'étendre très-bien , lors même qu'elle eft
froide : voici quelle eft leur pratique.

Sur 40 parties d'eau on met 4 parties de belle farine , bien blutée , & une
partie & demie d'amidon ; le tout en mefure & non en poids.

On délaye féparément & à la main , la farine & l'amidon avec de l'eau tiede ,
de forte qu'on en forme une bouillie claire. On tranfporte ces bouillies
dans une chaudiere où l'eau commence à bouillir ; & on braffe fortement ces
deux bouillies avec un trognon de balai , pour qu'elles fe mêlent bien enfemble ;
puis on entretient la chaudiere au petit bouillon pendant 5 à 6 heures , jufqu'à ce que la colle ait pris une odeur de bouillie bien cuite , & qu'en pref-
fant l'une contre l'autre les mains qu'on en a frottées , on ait quelque peine à
les féparer. Lorfqu'elle eft dans cet état , on la verfe dans des baquets *I I* ,
Pl. I , & à mefure qu'elle fe refroidit on la remue avec une fpatule *H* ;
enfin quand elle eft refroidie , on la met peu-à-peu dans un tamis de crin ; & en
la tournant avec un gros pinceau de poil de fanglier on la fait paffer à
travers le tamis. Cette opération la rend molle , & en état d'être employée ,
quoique froide.

Les pains à cacheter les lettres font de vraie colle de farine , qui n'a point
fermenté , qu'on fait fécher entre deux plaques de fer.

La Colle de pur amidon eft plus forte que celle de farine ; mais auffi
elle eft plus chere. Les Cartiers parviennent , au moyen du mélange de ces deux
fubftances , à faire une bonne Colle qui leur coûte moins. J'ai fait pour de
petits ouvrages de bonne colle avec de l'amidon & de l'eau légérement
chargée de gomme Arabique.

On peut auffi augmenter la force de la Colle , en la faifant avec de
l'amidon & de l'eau , dans laquelle on aura diffous un peu de colle de poiffon.

C'eft à-peu-près ainfi que les Chapeliers font la Colle qu'ils nomment
leur *apprêt.* Ils mettent avec 14 livres d'eau 2 livres de gomme qu'on nomme
de Paris , une demi-livre de gomme Arabique , deux livres de belle Colle-
forte , & une chopine de fiel de bœuf.

La gomme Arabique feule , fondue dans de l'eau , forme une liqueur qui
colle très-proprement , & qui eft très-aifée à préparer : l'effentiel eft qu'il n'y
ait pas trop d'eau , il faut qu'elle file entre les doigts ; fon défaut quand elle
eft feule , eft d'être caffante. On en trouve chez les Marchands de blanche &
de rouge ; celle-ci qui eft à meilleur marché , colle auffi bien que la blanche ,
mais pas auffi proprement , & fouvent il fe dépofe un marc inutile. La blanche fert aux Peintres en miniature à donner de la ténacité à leurs couleurs ,
fans altérer leur vivacité.

La gomme Adragante dont les Apothicaires fe fervent pour faire leurs
trochifques entre auffi dans quelques compofitions propres à coller.

F I N.

EXTRAIT DES REGISTRES

DE L'ACADÉMIE ROYALE DES SCIENCES.

Du 6 Février 1771.

MESSIEURS MACQUER & CADET, qui avoient été nommés pour examiner la Description de *L'ART DE FAIRE LA COLLE*, par M. DUHAMEL, en ayant fait leur rapport, l'Académie a jugé cet Ouvrage digne de l'impreſſion ; en foi de quoi j'ai ſigné le préſent Certificat. A Paris, le 9 Février 1771.

GRANDJEAN DE FOUCHY,

Secrétaire perpétuel de l'Académie Royale des Sciences.

Pl. I.
AA
R
P
L
K
P
II
FF
GG
Z
H
F
Dessiné et Gravé par N. Ransonnette.

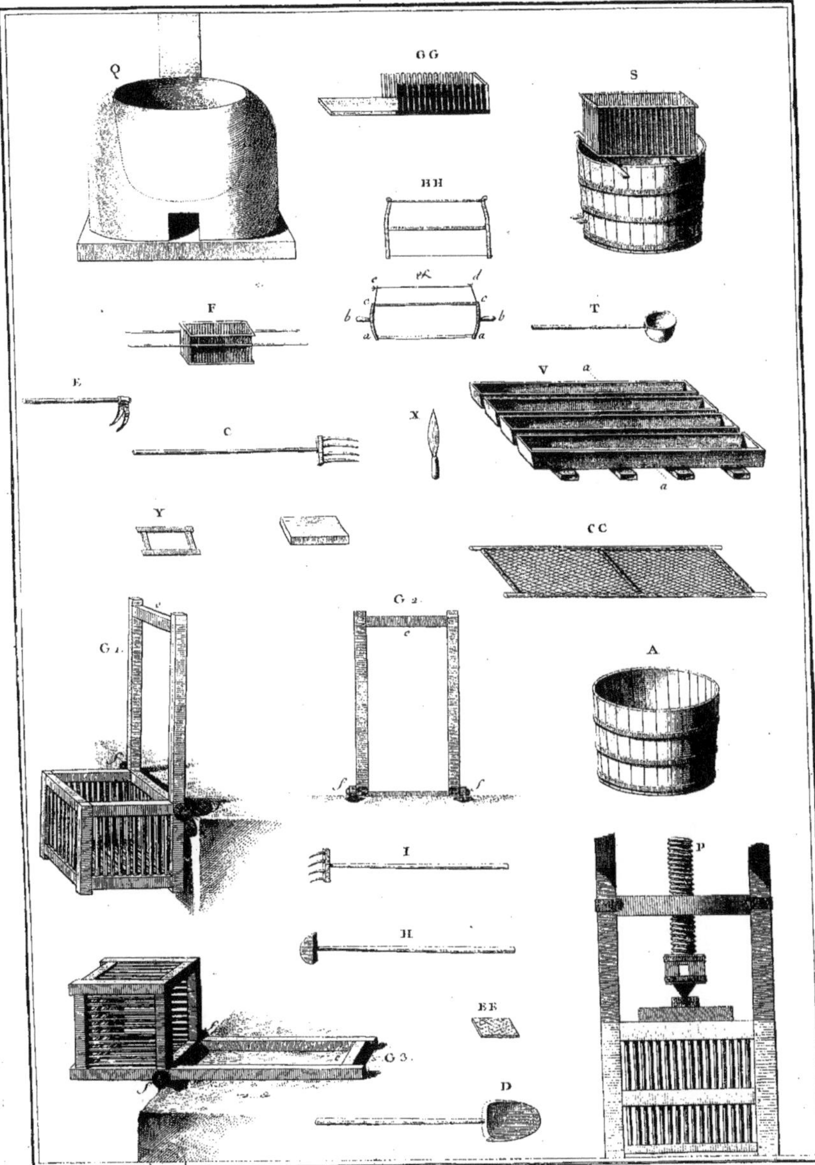

Q
GG
S
HH
F
T
V
a
E
X
C
a
Y
CC
G2
c
G1
A
I
H
EE
G3
c
D
P

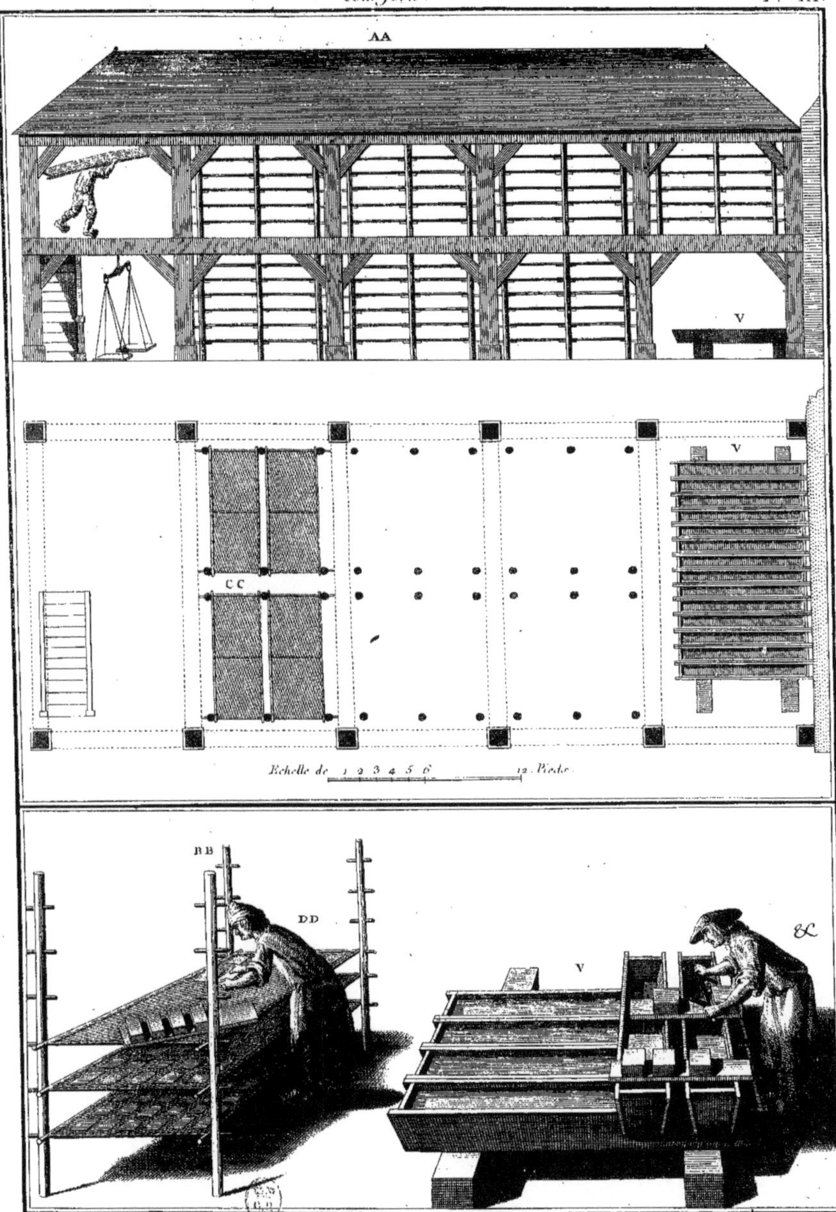

Dessiné et Gravé par N. Ransonnette.

9 782019 707323